Bibliografische Information der Deutschen Nationalbibliothek:

Die Deutsche Bibliothek verzeichnet diese Publikation in der Deutschen Nationalbibliografie; detaillierte bibliografische Daten sind im Internet über http://dnb.d-nb.de/ abrufbar.

Impressum:

Druck und Bindung: Books on Demand GmbH, Norderstedt Germany
ISBN: 9783668721609

Dieses Buch bei GRIN:

https://www.grin.com/document/426563

Jens Schwäger

Temperaturmessung. Prozessleittechnische Aufnahme und Visualisierung

GRIN Verlag

Technikerprojekt

Temperaturmessung aufnehmen und visualisieren

Bearbeitungszeitraum : 01.02.2014 – 07.05.2014

Inhaltsverzeichnis

Abbildungsverzeichnis

(Alle Abbildungen dieser Arbeit sind eigene Abbildungen)

1 Planungsphase

1.1 Aufgabenstellung

In den Gleichrichterschränken der Teilanlage 1000 sollen Temperaturüberwachungen realisiert werden. Die Temperaturen sollen mittels Widerstandsthermometer und Messumformer, welche die Übertragung auf eine Eingangsbaugruppe ermöglichen, aufgenommen werden. Mit Hilfe einer Speicherprogrammierbaren Steuerung (SPS) soll der erfasste Wert in einem Prozessleitsystem (Siemens PCS 7) registriert werden. Um die Messungen beobachten und analysieren zu können, sollen diese in dem vorhandenen WinCC-Bild der Gleichrichter visuell dargestellt werden. Damit das Bedien- und Beobachtungspersonal bei einer festgelegten Temperaturüberschreitung alarmiert wird, muss seitens Prozessvisualisierung ein Alarm programmiert werden. Um die Temperatur über einen Zeitraum verfolgen zu können, wird zu jeder Messung noch eine Kurve zur Registrierung visualisiert.

1.2 Ziel des Projekts

Das Ziel des Projektes ist in erster Linie eine Beobachtung der Innentemperatur der Gleichrichterschränke. Durch die Registrierung der Werte kann man nachvollziehen, zu welchen besonderen Gegebenheiten es zu einer überhöhten Temperatur kam. Da seitens Elektromontage, zusätzlich zur Klimaanlage, auf die einzelnen Gleichrichterschränke Abluftventilatoren montiert wurden, soll nun, je nach Fahrweise der Gleichrichter oder Umgebungstemperaturen von außen (Sonneneinstrahlung auf die Außenwände des Schaltraums), verfolgt werden wie sich die Temperaturen entwickeln und ob diese sich durch die Ventilatoren verringern.

1.3 Problemschilderung

In unserem Schaltraum F gibt es einen Mess- und Regelteil für Steuerspannungen sowie einen Gleichrichter- und Elektroteil. Da bei der Planung dieses Schaltraumes vor 10 Jahren keine geeignete Klimatisierung berücksichtigt wurde, kommt es durch die Wärmeabstrahlung der Elektrokomponenten, insbesondere der Gleichrichterschränke zu erhöhten Temperaturen, welche durch Außeneinstrahlung bei heißen Tagen so hoch ansteigen, dass es zu einer Temperatur max. Abschaltung der Gleichrichter bei Überschreiten des oberen Grenzwerts kommt.

1.4 Hintergrundinformationen

Die Gleichrichterschränke, in welchen die Temperaturüberwachungen realisiert werden, befinden sich auf der 28m Bühne einer chemischen Industrieanlage. Es ist zwar eine Klimaanlage vorhanden, aber aufgrund schlechter Planung wurde diese beim Neubau der Anlage Anfang der 2000er Jahre zu klein dimensioniert. Es wurde nicht berücksichtigt, dass der Schaltraum von allen vier Seiten den Witterungsbedingungen (hauptsächliches Problem ist die Sonneneinstrahlung) ausgesetzt ist. Hinzu kommt noch, dass die Gleichrichterschränke welche für die Elektrolyseproduktion benötigt werden, Spannungen und Ströme bis zu 720V bzw. 300 A erzeugen. Durch die Anzahl von 36 Gleichrichtern in dem Schaltraum, entsteht einfach eine zu enorme Temperatureigenentwicklung. Da es baulich fast nicht möglich ist eine größere Klimaanlage zu errichten, ist nun die Montage der Abluftventilatoren auf die Gleichrichterschränke der letzte Versuch die Temperaturen unter den Abschaltgrenzen der Gleichrichter zu halten.

1.5 Problemlösung

Nach mehreren Überlegungen zwischen PLT-Handwerker, PLT-Meister sowie Betriebsmeisterei, kam man auf die Idee, Lüfter auf die Gleichrichterschränke zu montieren, welche die warme Luft nach oben wegsaugen.

Um die Temperaturänderung in den einzelnen Gleichrichterschränken erkennen und nachvollziehen zu können, soll in jedem Gleichrichterschrank eine Temperaturmessung mit Alarmierung und Registrierung im Prozessleitsystem realisiert werden.

1.6 Meine Aufgabe

Hardware:

Temperaturmessungen planen (Wirkschaltpläne), Montieren der Widerstandsfühler in den Gleichrichterschränken, sowie die dazu gehörigen Rangierungen verdrahten.

Software:

Übertragung ins Prozessleitsystem realisieren, dies beinhaltet: Eingangsbaugruppen festlegen, Funktionspläne (CFC) programmieren, sowie WinCC Visualisierungen (Anzeige, Alarmierung und Registrierung) projektieren.

1.7 verwendete Bauteile

Als ich die Vorgehensweise meiner Aufgabe plante, musste ich im Vorfeld noch festlegen, welche Bauteile und Materialen benötigt werden, um die Aufgabe durchzuführen und umzusetzen.

1. Zum einen musste die Temperatur mittels Widerstandsfühler aufgenommen werden.

1 verwendeter Widerstandsfühler (eigene Abbildung)

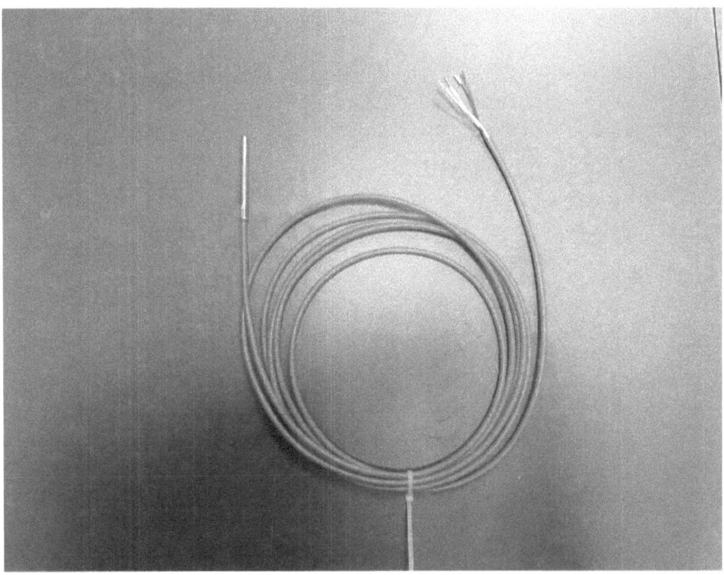

Die notwendigen Widerstandsfühler besorgte mir mein Meister über eine Firmeninterne Fachstelle für Temperaturen.

2. Um die mittels Widerstandsthermometer aufgenommene Temperatur auf eine PLS-Eingangsbaugruppe zu verdrahten, musste diese in ein elektrisch weiterverarbeitendes Signal umgewandelt werden. Dafür benötigte Ich Messsignalumformer. Diese besorgte mir ebenfalls mein Meister über eine Firmeninterne Fachstelle für Temperaturen.

Die genaue Bezeichnung für die verwendeten Messsignalumformer lautet:

- Phoenix Contact Mini MCR-RTD-UI-NC (Resistance thermometer measuring transducer)

3. Um das aufgenommene und umgewandelte Signal im Prozessleitsystem darzustellen, muss dieses auf eine Eingangsbaugruppe geführt werden.

Die benötigten PLS-Baugruppen der Firma Siemens waren in unseren Schalträumen schon vorhanden.

Benutzt bzw. benötigt habe ich folgende Elemente:

- Siemens Simatic ET 200 M / LINK Station mit CPU und Eingangsbaugruppe: Analogeingangsbaugruppe 8x12Bit

2 verwendete Eingangskarten (eigene Abbildung)

1.8 verwendete Programme/Versionen

Visualisierung:

WinCC Explorer Info: WinCC Runtime V7.0+SP2+Upd8

Programmierung:

Siemens Step7 S7/M7 Version V7.1+SP3+Upd1 Ausgabestand K7.1.31

1.9 Zeitplan

Folgend ist die Auflistung der Zeit, welche ich für das komplette Technikerprojekt, angefangen von der Planung der Aufgabe bis zur Fertigstellung der Dokumentation benötigt habe, unterteilt in die einzelnen Projektphasen.

1. Planungsphase: 4 Stunden

In einer Besprechung zwischen dem Betriebsmeister der Produktion, meinem Instandhaltungsmeister und mir, wurde die Vorgehensweise erläutert. Daraufhin schaute ich mir die örtlichen Begebenheiten an, um anschließend mit der Recherche zu beginnen, welche Bauteile und Komponenten ich benötigte bzw. welche schon vorhanden waren. Zum Abschluss der Planung erstellte ich einen Wirkschaltplan, in welchem der komplette Weg des Signals von Erfassung bis zum Eingang in das Prozessleitsystem dargestellt wird.

2. Durchführungsphase: 16 Stunden

Montage, Programmierung und Visualisierung

Die Durchführungsphase unterteilt sich in 2 Phasen, und zwar in die Umsetzung der Software und die Montage der Hardware, wobei jede einen ganzen Arbeitstag (ca. 8 Stunden) in Anspruch nahm:

<u>Software:</u>

Hierbei kam es zu Programmierung der Funktionspläne (CFC) sowie zur Projektierung der Visualisierung mittels Siemens Simatic S7 bzw. Siemens WinCC

<u>Hardware:</u>

Hierbei kam es zur Montage der Widerstandfühler und Messumformer in den Gleichrichterschränken, sowie zum verdrahten der Rangierverbindungen.

3. Dokumentation: 30 Stunden

Die längste Zeit nahm die Ausarbeitung der Dokumentation in Anspruch. Nachdem ich die Umsetzung aufgrund gewohnter Handgriffe recht zügig bewältigte, stellte ich mir zuerst die Frage, wie ich die geforderten ca.30 Seiten verfassen sollte. Ich bin dann die ganze Vorgehensweise der umgesetzten Aufgabe nochmal Schritt für Schritt durchgegangen und habe dazu Stichpunkte aufgeschrieben, sowie passende Bildschirmausdrucke zur besseren Veranschaulichung getätigt. Mit den Stichpunkten sowie den Bildschirmausdrucken habe ich die Dokumentation ausführlich verfasst.

Zuletzt musste ich mir noch die Ausfuhrgenehmigung meiner Dokumentation von der Betriebsleitung / Betriebsmeisterei unterschreiben lassen.

2 Durchführung

Unter dem Punkt Durchführung wird erläutert, wie ich mein Projekt umsetzte. Angefangen bei der hardwaremäßigen Planung bis hin zur Umsetzung der softwaremäßigen Programmier- und Projektierungsaufgaben.

2.1 Eingänge und Leisten festlegen

Nachdem ich die Örtlichkeit der anzubringenden Messung wusste, machte ich mich auf die Suche nach den nächstgelegenen Übertragungsleisten, mit welchen ich eine Verbindung zwischen Messumformer und Prozessleitsystem herstellen konnte. Da in den Gleichrichterschränken Übergangsleisten vorhanden waren, konnte ich mit Hilfe der Leistenpläne herausfinden, von welcher Leiste ich nun auf die PLS-Eingabebaugruppe komme.

2.2 Erstellung der Wirkschaltpläne

Da es sich um neue Messstellen handelt müssen auch neue Messstellenbezeichnungen, und zwar für jede Temperatur eine eigene, vergeben werden. Da ich die Wirkschaltpläne selbst erstellte benötigte ich diese vorab von unserem Techniker, da er für die Messstellenvergabe zuständig ist.

Nachdem ich die Messstellennummern hatte und wusste wie ich die Widerstandsthermometer und die Messumformer in den Gleichrichterschränken montiere, musste ich nun die erfassten und umgewandelten Werte ins Prozessleitsystem übertragen. Um einen genauen Verlaufsplan der Kabel und Leitungswege zu planen, musste Ich mir noch freie Rangierleisten sowie Eingangsleisten für die PLS-Baugruppe suchen. Um auf diese Leisten zu kommen musste ich aber zuerst eine Verbindung zwischen den Gleichrichterschränken und den oben genannten Leisten herstellen. Ich sah dann in den Schränken schon vormonierte und verdrahtete Leisten. Daraufhin nahm ich mir die Planungsunterlagen eines Gleichrichterschranks zur Hand und schaute wo die Verbindung dieser Leiste hinführt bzw. herkommt. Glücklicherweise war diese Leiste, eine mittels Stammkabel vorverdrahtete Übergabeleiste in den Mess- und Regelteil auf eine Rangierleiste. Jetzt benötigte ich noch die Verbindung von der Übergabeleiste auf eine Leiste mit welcher ich auf eine PLS-Eingangsbaugruppe komme. Dafür musste ich aber erst mal wissen auf welche Eingangsbaugruppe ich überhaupt gehe. Um dies zu wissen, suchte ich mir direkt am PLS-Baugruppen Gestell eine Eingangskarte mit freien Eingängen. Auf unserer Engineering Station haben wir eine eigens angelegte Excel-Liste mit den Belegungen der Eingangs- und Ausgangsbaugruppen, sowie deren Gegenleisten auf dem Rangiergestell. Somit konnte ich mir daraus die benötigte Leistenbezeichnung heraussuchen.

Nun konnte ich meine Wirkschaltpläne erstellen. Dies geschieht wieder via Excel. Auf unserer Engineering Station sind Excel-Dateien mit leeren Planvorlagen, welche dem Standardwirkschaltplan meiner Firma entspricht, hinterlegt. Wenn ich einen Leer-plan öffne, habe ich eine freie Excel-Fläche um den Verbindungsweg zwischen Leisten, PLS-Baugruppen und Messwertaufnehmer darzustellen. Die Fußzeile ist bereits vorgefertigt mit den Feldern „Revisionen, Datum, Bearbeiter, Planbezeichnung, Doku Name und Blatt“.

3 Bildschirmausdruck Wirkschaltplanerstellung (eigene Abbildung)

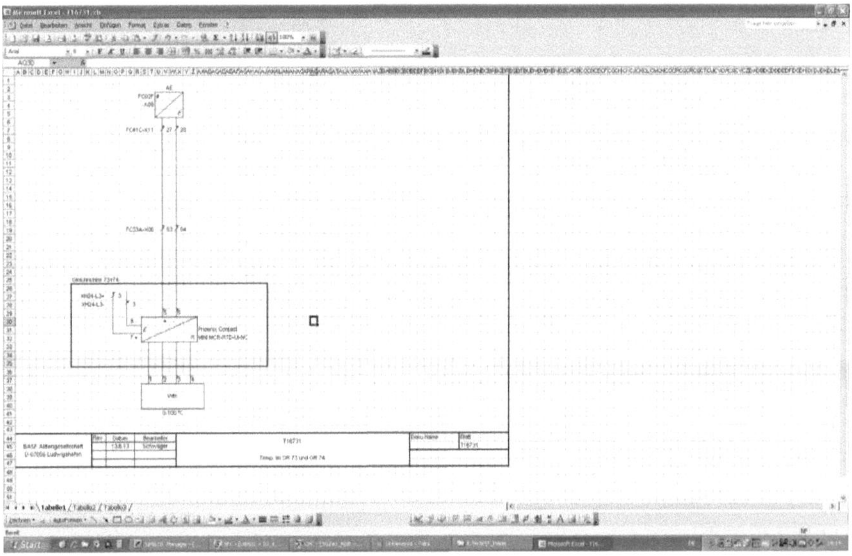

Die fertig erstellten Wirkschaltpläne musste ich zum Abschluss der Anlagenänderung lediglich noch meinem Techniker zuschicken, damit dieser die Pläne in das Messstellenverzeichnis, sowie die Onlineplattform Prodok (Onlineplattform auf der alle unsere Pläne abgelegt sind) aufnehmen kann.

2.3 Hardwaremontage

Um die Temperatur genau im Zentrum des Gleichrichterschranks zu ermitteln, verwendete ich flexible Widerstandsfühler. Diese habe ich dann in vorhandene Kabelführungen gelegt und an die Messumformer-Karte, welche ich auf eine vorhandene U-Profilschiene auf jener auch die Übergabeleiste montiert ist, angeschlossen.

4 innere Ansicht eines Gleichrichters (eigene Abbildung)

5 U-Profilschiene mit Übergabeleiste und Messumformer (eigene Abbildung)

Danach musste ich nur noch von der Übergabeleiste auf die PLS- Eingangsleiste die Rangierungen verdrahten.

<u>Übertragung der Temperatur mittels Widerstandsthermometer und Messumformer auf PLS Eingangsbaugruppe</u>

Da die Temperatur über ein Widerstandsthermometer aufgenommen wird muss die erfasste Temperatur mittels Messumformer (Phoenix Contact Mini MCR-RTD-UI-NC) in ein elektrisch verarbeitendes Signal umgewandelt werden, damit man diesen Wert auf eine Eingangskarte des PLS führen kann.

Jede PLS-Baugruppe ist mittels Stammkabel auf Rangierleisten geführt, von welcher ich meine Verbindung zur Übergabeleiste des Gleichrichterschranks verdrahten kann. Meine benötigte Eingangskarte ist in diesem Fall eine Analogeingangskarte und geht auf das Gestell FC02F Steckplatz 9/10/11. Die genaue Eingangskartenbezeichnung lautet: SM331 AI 8x12Bit

6 Gestell mit den Übergabeleisten der Gleichrichter (eigene Abbildung)

7 Gestell mit den Übergabeleisten der PLS-Eingangskarten (eigene Abbildung)

8 Gestell mit den verwendeten Siemens Eingangskarten (eigene Abbildung)

2.4 Simatic PCS 7 Programmierung

In den folgenden Punkten ist die Vorgehensweise der Programmierung durch Verwendung des Prozessleitsystems Siemens Simatic PCS 7 dargestellt und erläutert. Ebenfalls werden der Aufbau der Programmierebene, sowie der strukturelle Aufbau des PCS 7 Projektes des Betriebes B405 erläutert.

2.4.1 Aufbau des Simatic-Managers

Die gesamte Anlage B405 ist in einem Multiprojekt angelegt, mit dem Namen „E:\Projekte\B405_MP\B405_MP". Es besteht in der Baumstruktur aus 7 Teilanlagen. Für diese 7 Teilanlagen sind 2 Server zuständig, auf denen die programmierten Daten hinterlegt sind. Auf dem Server 1 befinden sich die Daten der Teilanlagen 1000, 6000 und 200. Der Server 2 beinhaltet die Teilanlagen 3000, 8000, 8500 und 100.

Der Simatic-Manager ist in 3 Bearbeitungssichten unterteilt:

1. Komponentensicht:

- Bearbeiten von Projekten des Multiprojekts
- Anlegen der Hardwarekomponenten
- Hardwarekonfiguration der Automatisierungssysteme, Buskomponenten, Prozessperipherie und PC-Stationen

2. Technologische Sicht:

- Gliederung und Darstellung der Anlage nach technologischen Gesichtspunkten, d.h. hierarchische Gliederung von Automatisierungs- sowie Bedien- und Beobachtungsfunktionen

3. Prozessobjektsicht:

- Universelle Sicht auf Messstellen
- Zeigt die Technologische Hierarchie in Kombination mit der tabellarischen Sicht auf alle Aspekte der Messstelle und des Prozessobjekts (z.B. Parameter, Signale, Meldungen usw.)

- Es können projektweit alle Daten der Basisautomatisierung in einer leittechnisch orientierten Sicht dargestellt werden. Projektweit bedeutet, dass in einem Multiprojekt die Daten aller enthaltenen Projekte erfasst werden.

2.4.2 Anlegen der Funktionspläne

Die Funktionspläne innerhalb eines PCS7 Projekts werden als CFC-Plan bezeichnet.

CFC = Continuous Function Chart

- Graphische Programmiersprache
- Funktionsblöcke sind frei positionierbar und werden miteinander verschaltet, anstatt eine Abfolge von textuellen Befehlen einzugeben
- Ist eine Erweiterung der Funktionsbaustein-Sprache

Wenn man einen neuen CFC Plan erstellen möchte, muss man die Ansicht des Simatic Managers auf die Technologische Sicht stellen, der Grund dafür ist, dass diese Sicht die reine Struktur des Multiprojektes ist. Die einzelnen Untergeordneten Teilanlagen werden hier gegliedert dargestellt und haben den identischen Namen wie das zugehörige WinCC Bild in der Visualisierungsebene. Somit weiß man direkt unter welche Teilanlage man den CFC-Plan der gewünschten Messstelle anlegen muss.

9 Umstellung der Simatic-Manager Ansichten (hier Technologische Sicht), (eigene Abbildung)

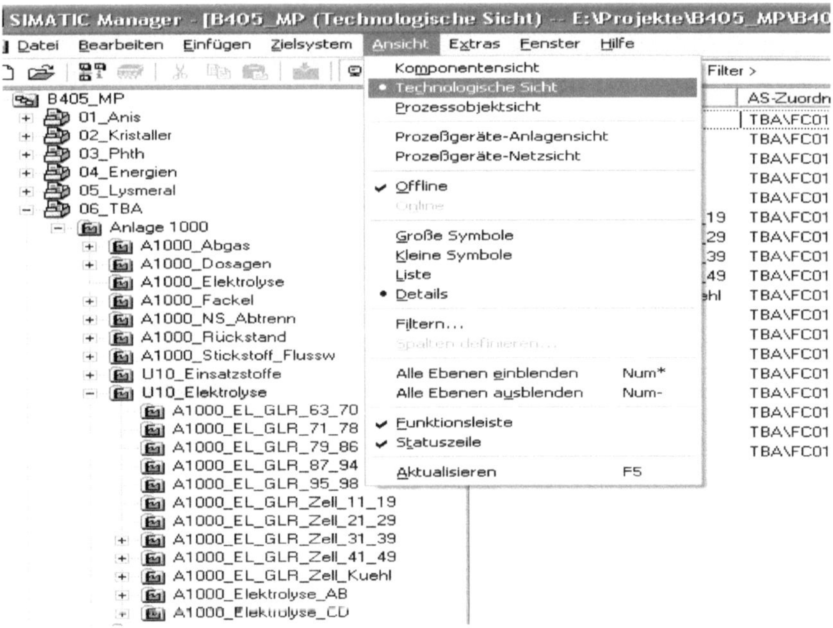

Ich habe aufgrund dessen meine Pläne unter der Teilanlage „06_TBA“ angelegt. Sowie je nach Gleichrichtertemperatur in das zugehörige Gleichrichterbild.

Insgesamt habe ich die Pläne in folgenden Ordnern angelegt:

A1000_EL_GLR_63_70; A1000_EL_GLR_71_78; A1000_EL_GLR_79_86; A1000_EL_GLR_87_94; A1000_EL_GLR_95_98

10 Einfügen eines Funktionsplans (CFC), (eigene Abbildung)

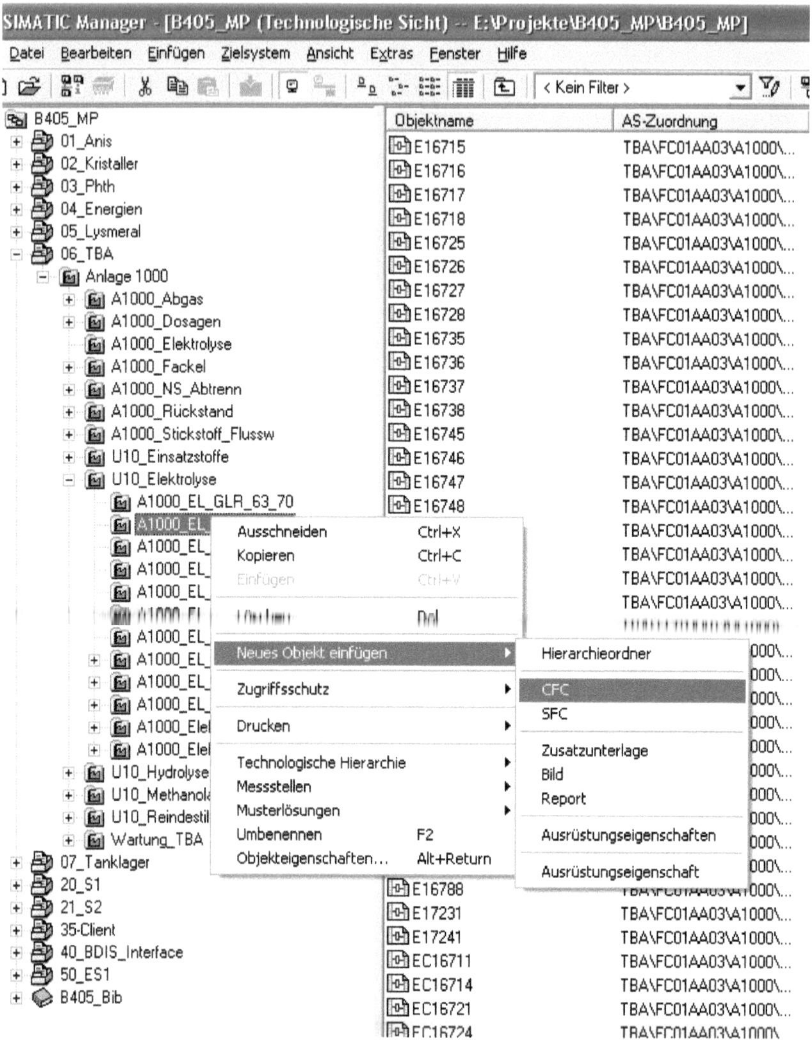

Nachdem der CFC-Plan in der technologischen Sicht angelegt wurde, muss die Ansicht auf die Komponentensicht gewechselt werden. In dieser Sicht findet man die Selbe Struktur wieder, wie in der Technologischen Sicht, allerdings mit den Hardwarekomponenten der zugehörigen Teilanlagen.

11 Komponentensicht des Simatic-Managers (eigene Abbildung)

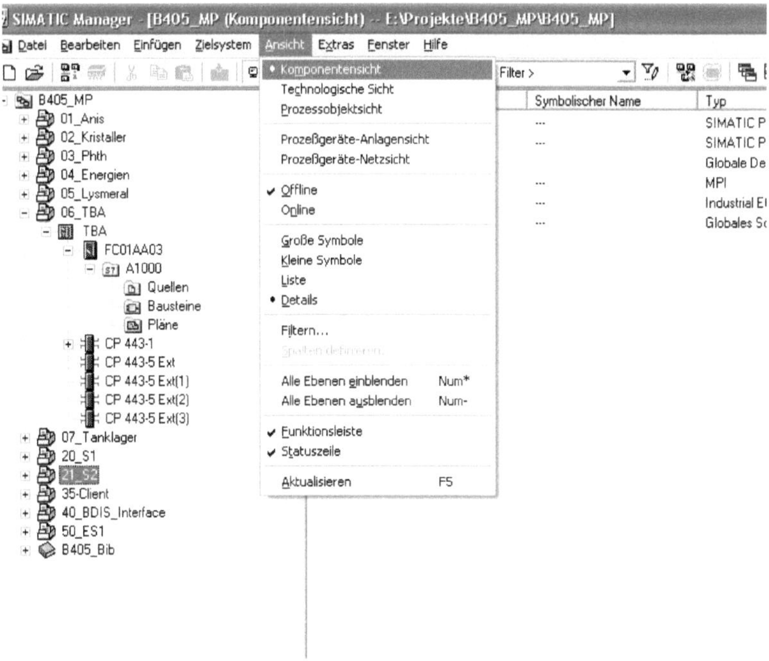

Wenn man den Ordner Teilanlage öffnet, gelangt man zu den Unterordnern Hardware, Bausteine sowie Pläne. Hinter der Hardware liegt der Hardwareaufbau der Simatic Station. Hier hat man Zugriff auf die Ein- und Ausgangskarten.

12 Anordnung der Hardware in der Komponentensicht (eigene Abbildung)

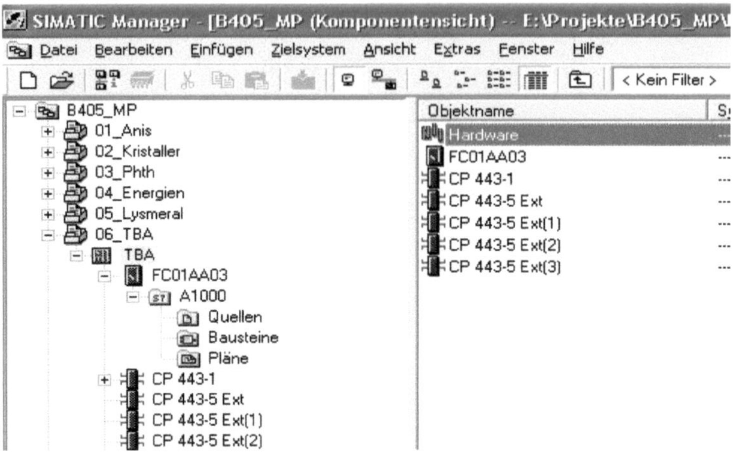

Durch eine Rangierleiste im Schaltraum gelangt mein Signal auf die Eingangskarte. Jeder Eingang hat einen eigenen Namen. Wenn ich weiß auf welches Gestell ich im Schaltraum gegangen bin, kann ich mir den genauen Steckplatz der Karte heraussuchen, um mittels Rechtsklick auf „Symbole bearbeiten" zu den Eingangswörtern zu gelangen, welche man dann mit den gewünschten Eingangsnamen belegen und kommentieren kann. Den Eingangsnamen muss ich dann später als Eingangssignal auf einen Analogeingangsbaustein im CFC-Plan verknüpfen.

13 Übersicht der Hardwarekonfiguration mit Auswahl der gewünschten Eingangskarten (eigene Abbildung)

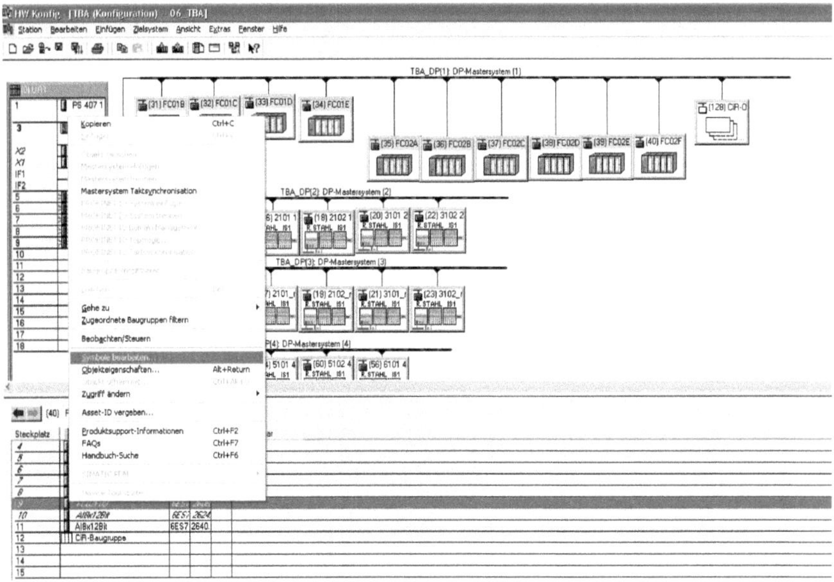

14 Fenster zum Bearbeiten der Eingangssymbole der Hardware (eigene Abbildung)

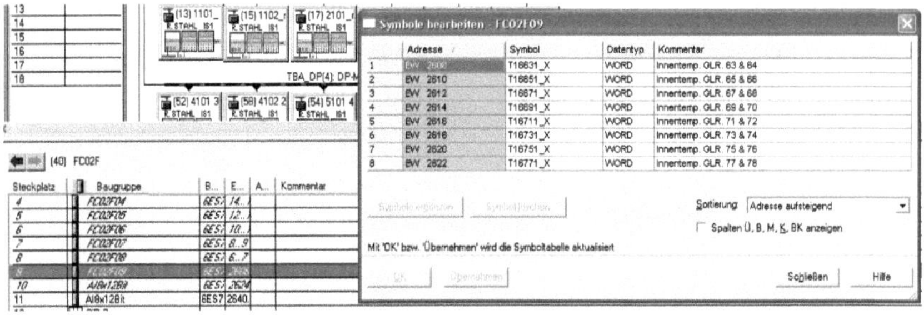

2.4.3 Programmieren der Funktionspläne

Damit der, wie im vorigen Abschnitt erklärt, angelegte Plan mit dem ankommenden Signal des Sensors arbeiten kann, sprich im Prozessleitsystem dargestellt werden kann, muss nun der Funktionsplan programmiert werden.

Durch öffnen des gewünschten Plans in der Komponentensicht gelangt man in den Plan an sich, worin man die einzelnen Bausteine einfügt, miteinander verknüpft, einstellt sowie verschaltet.

Je nach der Simatic-Manager Version bzw. je nach individuell vom Nutzer angefordert, steht im Funktionsplan eine Bausteinbibliothek mit vorprogrammierten Bausteinen zur Verfügung.

Für meine Aufgabe musste der erfasste Wert aufgenommen werden, wofür ich einen Eingangstreiber benötigte.

Somit zog ich mir mittels „Drag & Drop“ einen Analogeingangstreiber „CH_AI[FC275:Analog Input] aus dem Bausteinbibliotheksordner „DRIVER“ in das Programmierfenster des Funktionsplans.

15 Einfügen des Analogtreibers in den Funktionsplan (eigene Abbildung)

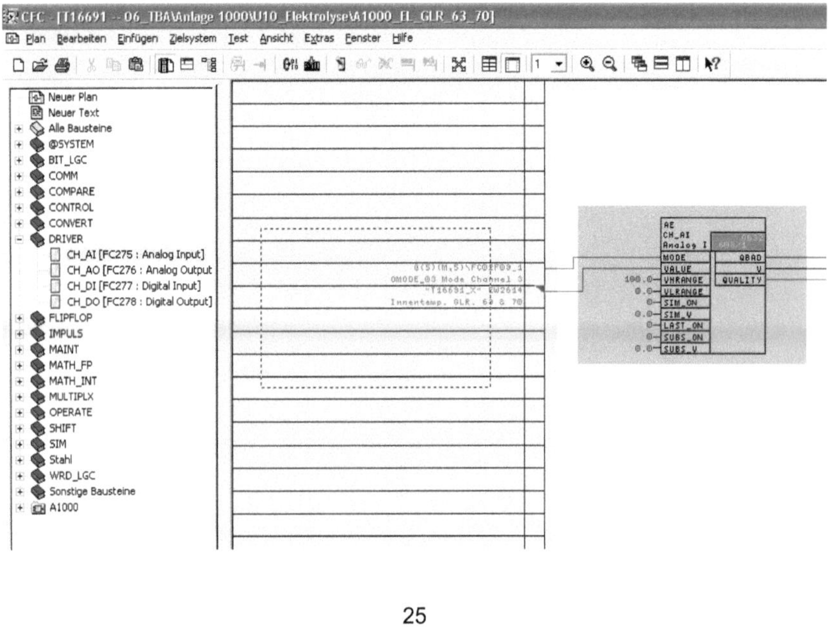

Um die Temperatur darzustellen und Alarmieren zu lassen, benötige ich einen Baustein welcher einem Bildbaustein zugeordnet werden kann.

Aus der Erfahrung von früheren Aufgaben wusste ich, dass zur Anzeige und Alarmierung einer Messung ein „MEAS_SC[FB680:Meas.value]“ Baustein benötigt wird. Diesen Baustein findet man in dem Bausteinbibliotheksordner „CONTROL“. Mittels „Drag & Drop“ fügte ich den Baustein wie zuvor den Eingangstreiber in den Funktionsplan ein.

16 Einfügen des MEAS_SC Bausteins in den Funktionsplan (eigene Abbildung)

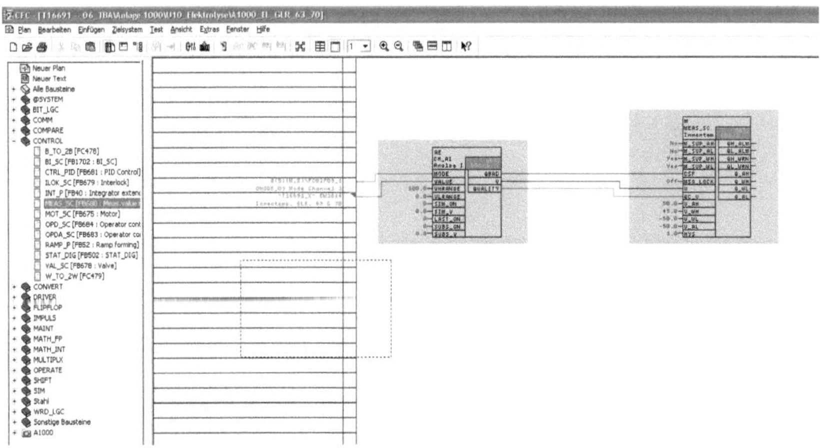

Nun mussten die Eingänge mit den zuvor im Hardwaremanager festgelegten Eingangsbytes verschalten werde, indem man via Rechtsklick auf den Eingang „VALUE“ des Bausteines „CH_AI“ die Aktion „Verknüpfung zu Operand“ auswählt.

Es öffnet sich dann die Liste aller angelegten Variablen des Hardwaremanagers. Aus welcher ich die passende auswählte.

Bevor es an die Einstellungen des MEAS_SC Bausteins kommt, müssen dessen Eingänge noch mit den zugehörigen Ausgängen des Analogeingangstreibers verschalten werden. Dies geschieht wieder durch die „Drag & Drop“-Funktion.

In die Einstellungen des MEAS_SC Bausteins gelangt man, wie bei allen anderen Bausteinen welche ein Einstellungsfenster besitzen, mittels Doppelklick auf den Bausteinkopf.

17 Eigenschaftsfenster des MEAS_SC Bausteins (Lasche Allgemein), (eigene Abbildung)

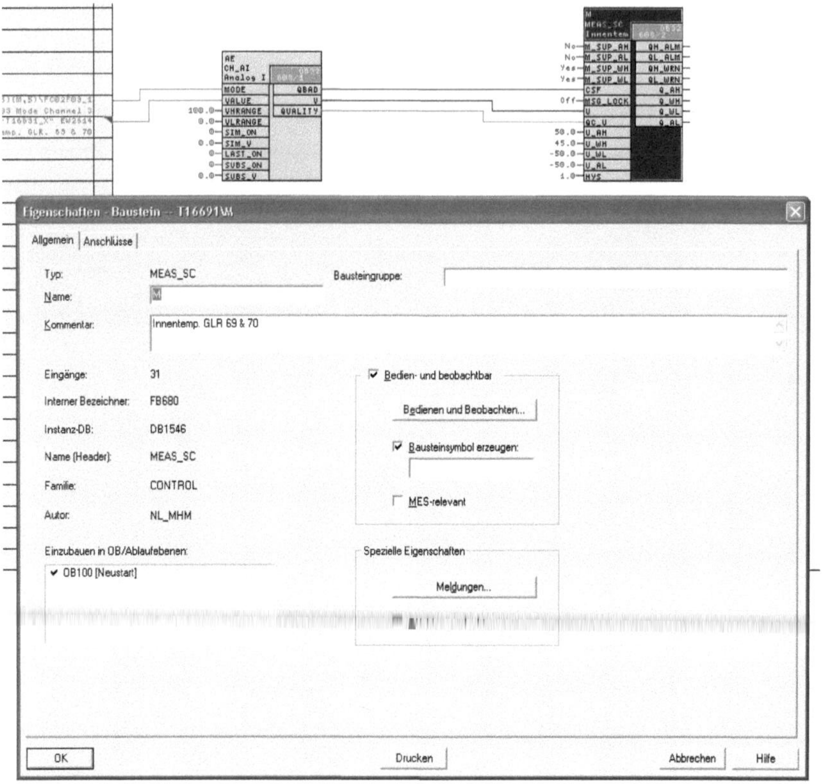

Auf dem Bild ist die Lasche Allgemein ausgewählt, worin die Grundelemente wie der Name und das Kommentar des Bausteins beschrieben werden können.

Des Weiteren sind die Eigenschaften des Bausteins erkennbar wie: Eingänge, Interner Bezeichner, Instanz-DB, Name, Familie und Autor.

Dann gibt es noch die Bedien- und Beobachter Eigenschaften sowie die speziellen Eigenschaften worin man die Meldungsprioritäten sowie den Meldungstext vorgibt.

18 aufgerufenes Meldungsprogrammierfenster in den Eigenschaften des MEAS_SC Bausteins (eigene Abbildung)

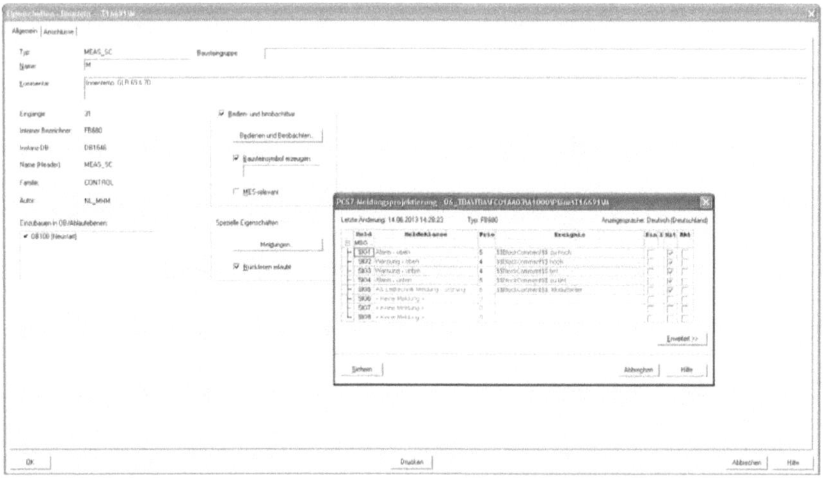

Wenn man die Lasche Anschlüsse der Bausteineigenschaften anwählt, bekommt man eine Auflistung aller möglichen Ein- und Ausgänge des Bausteines, und kann diese hier, wenn möglich auch beschriften. Damit der Baustein übersichtlich bleibt, kann man die unnötigen Anschlüsse hier auch unsichtbar schalten.

19 Eigenschaftsfenster des MEAS_SC Bausteins (Lasche Anschlüsse), (eigene Abbildung)

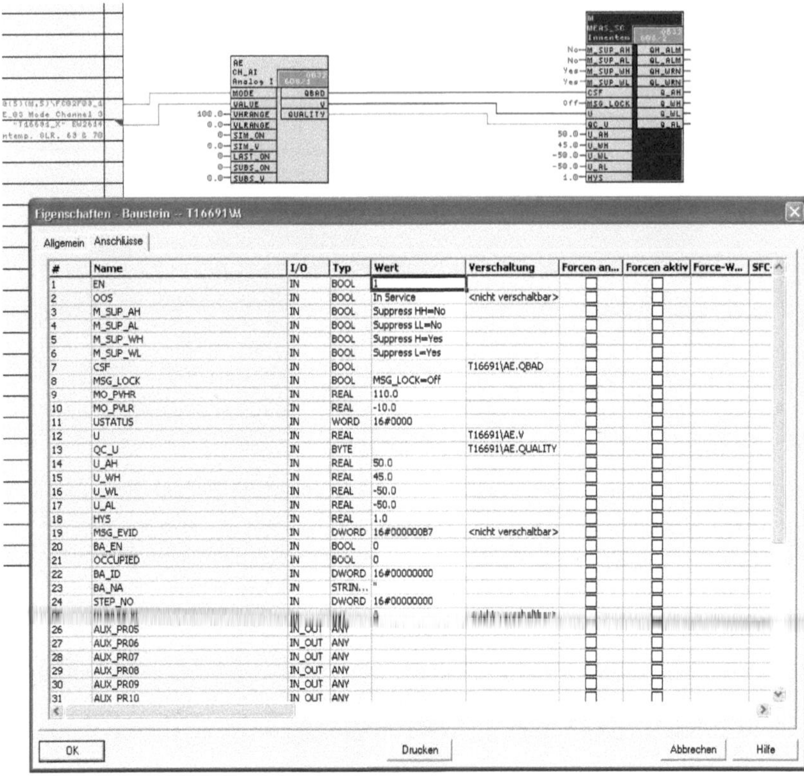

2.4.4 Programmierung übersetzen und laden

Wenn die Programmierungen des Funktionsplans, sowie die Einstellung sämtlicher Eigenschaften abgeschlossen ist, muss man den CFC-Plan von der Engineering Station Übersetzen und Laden.

Dadurch wird die Verbindung zur Operator Station (WinCC) hergestellt. Erst dann können die aufgenommen Werte visuell verarbeitet werden.

20 Programm übersetzen (eigene Abbildung)

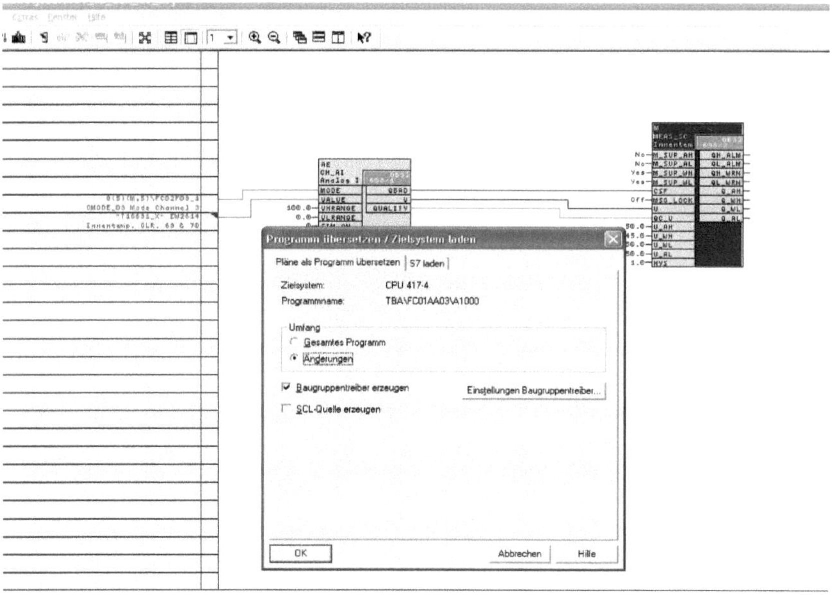

21 Programm laden **(eigene Abbildung)**

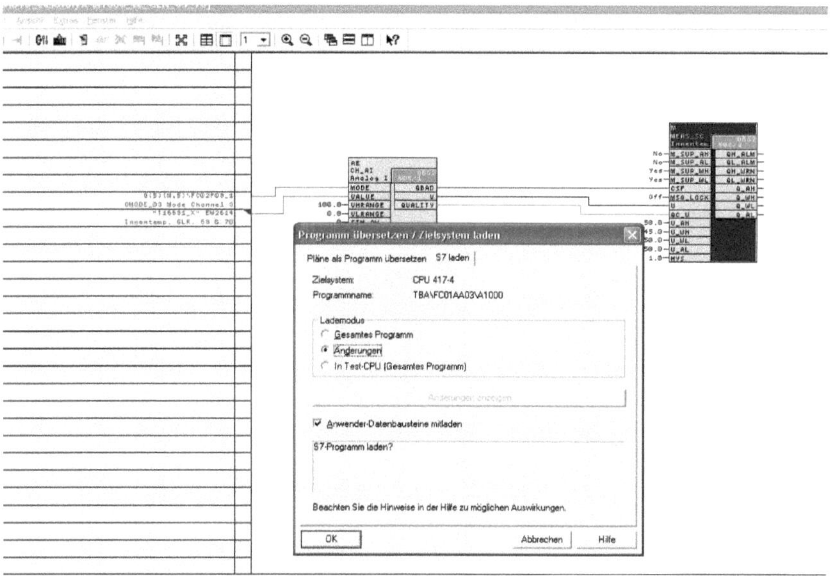

2.5 WinCC Visualisierung

In den der WinCC Visualisierung untergliederten Punkten, wird das Projektieren der Visualisierungsaufgaben meines Projektes Schritt für Schritt aufgezeigt.

2.5.1 Messstelle im WinCC Explorer anlegen

Der erste Schritt der WinCC Projektierung, ist das Öffnen des WinCC Explorers.

Durch öffnen des entsprechenden Servers in der Baumstruktur des PCS7-Projektes, bei meinem Projekt Server S1, öffnet sich der WinCC Explorer.

Damit dieser auf die Werte aus dem programmierten CFC-Plan
von der ES (Engineering Station) zugreifen kann, müssen die Messstellen im WinCC Explorer im Menüpunkt „Tag Logging“ angelegt werden.

22 Anlegen einer neuen Variable im WinCC Explorer unter Tag Logging (eigene Abbildung)

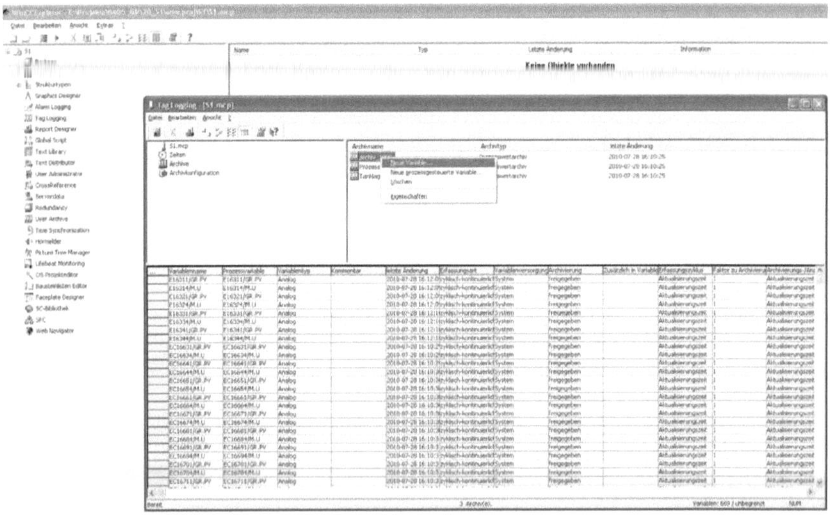

Wenn das „Tag Logging“ Fenster geöffnet ist, werden im entsprechenden Archiv die neuen Variablen angelegt.

Wie schon in der Programmierung erwähnt wird das Prozessleitsystem meiner zu betreuenden Anlage unterteilt in zwei Server mit jeweils einzelnen Anlagenteilen.

Bei meinem Projekt werden Messstellen in die Anlage 1000 eingepflegt, welche auf den Server 1 zugreifen.

In jenem Server 1 sind folgende 3 drei Archive vorhanden:

- Archiv_ 1000; beinhaltet die Messstellen der Teilanlage 1000
- Prozesswertarchiv; beinhaltet die Messstellen der Teilanlage 6000
- Tanklager; beinhaltet die Messstellen der Teilanlage 200

Da ich meine Temperaturen in den Gleichrichtern der Anlage 1000 verbaut habe, pflege ich die Messstellenvariablen in das Archiv _ 1000 ein.
Durch Rechtsklick wähle ich „Neue Variable", es öffnet sich das Fenster: „VariablenProjekt:E:\Projekte\B405_\20_S1\wincproj\S1\S1 .mcp.", hier kann nun über den Filter alle Parameter der Messstelle des zugehörigen CFC-Plans aufgerufen werden. Man wählt den Parameter T ... ./M.U da dieser der Variablenwert als Gleitkommazahl 32Bit IEEE754 ist (jener Wert welcher am Analogeingang ansteht). Die Variable wird ganz unten im Variablenübersichtsfenster angelegt. Es sind alle Parameter bereits ausgefüllt, lediglich der Erfassungszyklus sowie Änderungs-/ Anzeigezyklus muss auf den Wert Aktualisierungszeit gestellt werden, sowie „Skalierung Variable unterer Grenzwert" und „Skalierung variable oberer Grenzwert". Danach wird durch das Speichern die Variable angelegt.

2.5.2 WinCC Bild bearbeiten

Dies geschieht durch öffnen des entsprechenden Servers S1, auf welchem sich die Visualisierungen der Teilanlage, zu der mein Projekt gehört, befinden.

23 Bildauswahl über entsprechenden Server in der Komponentensicht (eigene Abbildung)

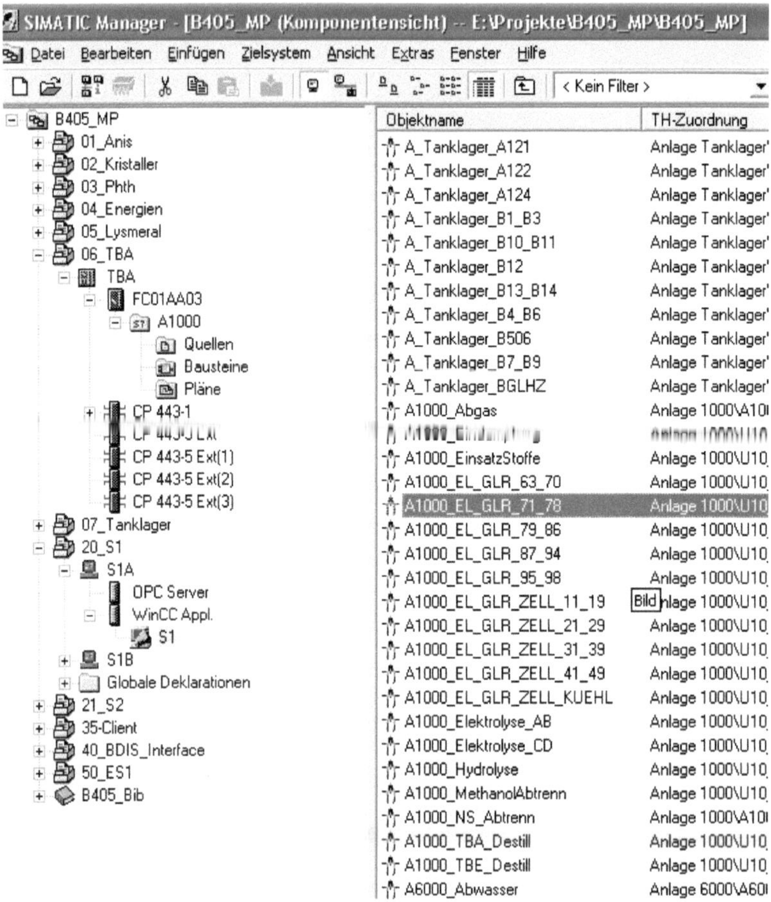

In der Komponentensicht auf der Engineering Station, befinden sich die Selben Bildbezeichnungen wie in der WinCC Explorer Ebene.

Durch das Anklicken des gewünschten Bildes, gelangt man in den Graphics Designer des WinCC Explorers

24 Übersicht des WinCC Explorers mit ausgewählter Lasche (eigene Abbildung)

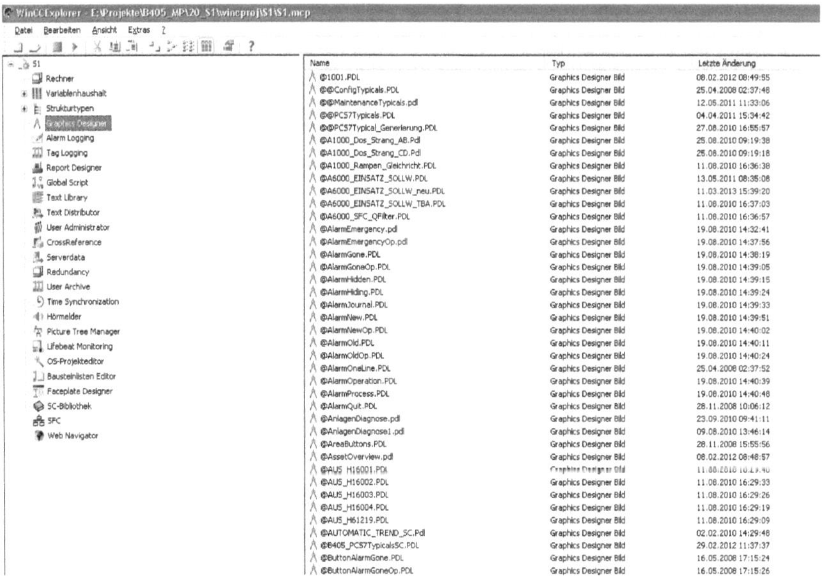

In dieser Ansicht kann das gewünschte Bild, in welchem die Änderungen stattfinden, aufgerufen werden.

Hier könnte man natürlich auch ein neues Bild anlegen.

Die Gleichrichter, Welche in meinem Projekt involviert waren, befinden sich in den Bildern:

- A1000_EL_GLR_63_70.pdl
- A1000_EL_GLR_71_78.pdl
- A1000_EL_GLR_79_86.pdl
- A1000_EL_GLR_87_94.pdl
- A1000_EL_GLR_95_98.pdl

Nach dem ich das Bild mit den Gleichrichtern geöffnet habe, habe ich aus der Bausteinbibliothek „@B405_PCS7TypicalsSC.PDL“ den entsprechenden „@MEAS_SC/1“ Baustein auf die gewünschte Position gesetzt.

25 Bausteinbibliothek (eigene Abbildung)

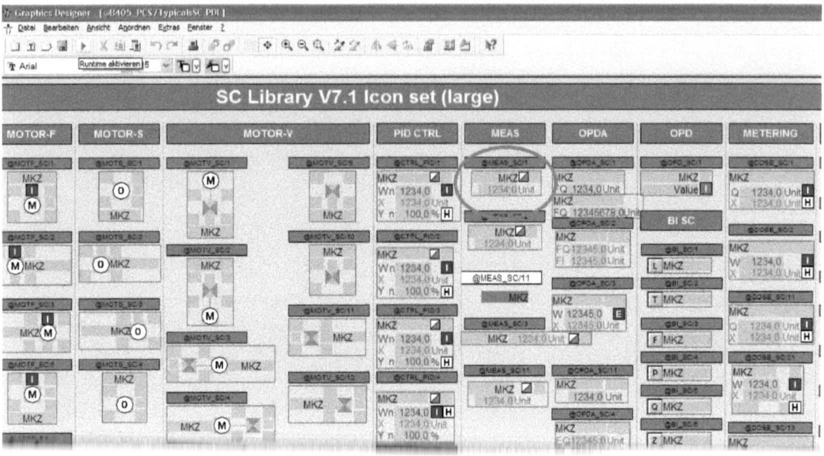

26 eingefügte Bildbausteine in das vorhandene Übersichtsbild (eigene Abbildung)

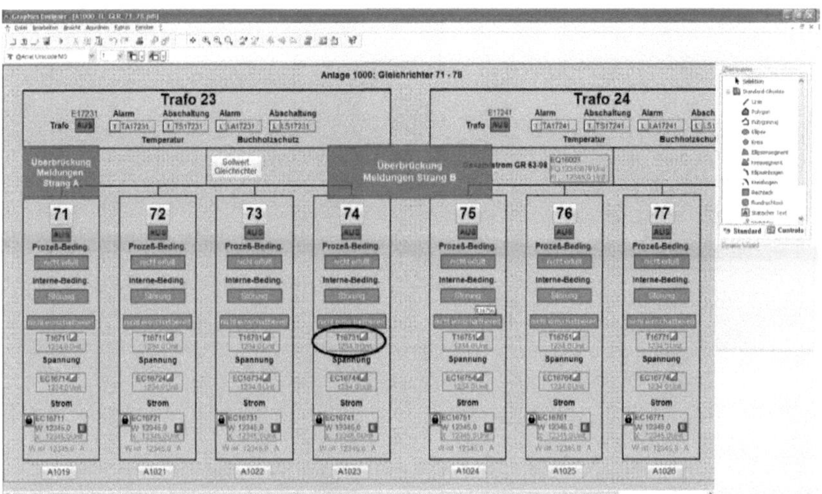

Jetzt kann die Konfiguration des Bildbausteines erfolgen, welche die Kommunikation zwischen Engineering Station und Operator Station enthält. Somit werden die aufgenommen Werte in der WinCC Oberfläche verarbeitet.

2.5.3 Bildbaustein mit Messstelle verbinden

Das verbinden des Bildbausteins mit der gewünschten Messstellenvariable, geschieht über die Dynamic Wizard Lasche „Bildbaustein mit Messstelle verbinden“.

27 Fenster Optionen setzen zur Verbindung mit einer Variable (eigene Abbildung)

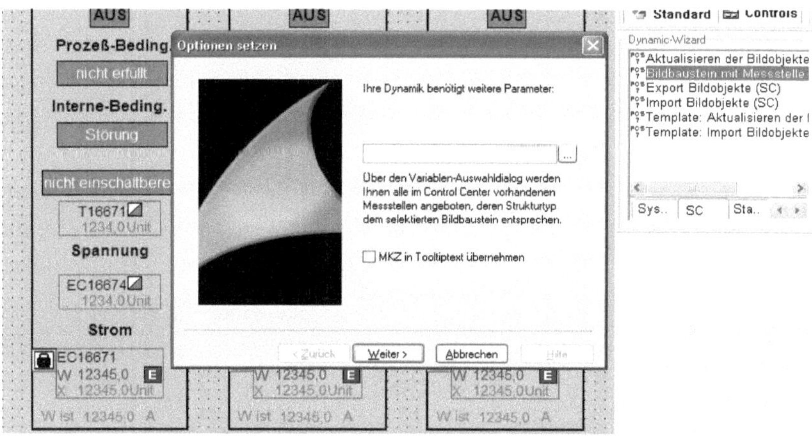

Es öffnet sich das Fenster „Optionen setzen“.

Durch das Drücken der Suchtaste, neben dem beschreibbaren Textfeld, öffnet sich folgendes Fenster: „VariablenProjekt:E:\Projekte\B405_\20_S1\wincproj\S1 \S1 .mcp“, in welchem eine aus der Engineering Station übersetzte Variable ausgewählt werden kann.

28 Variablenauswahl aus der Liste aller Variablen (eigene Abbildung)

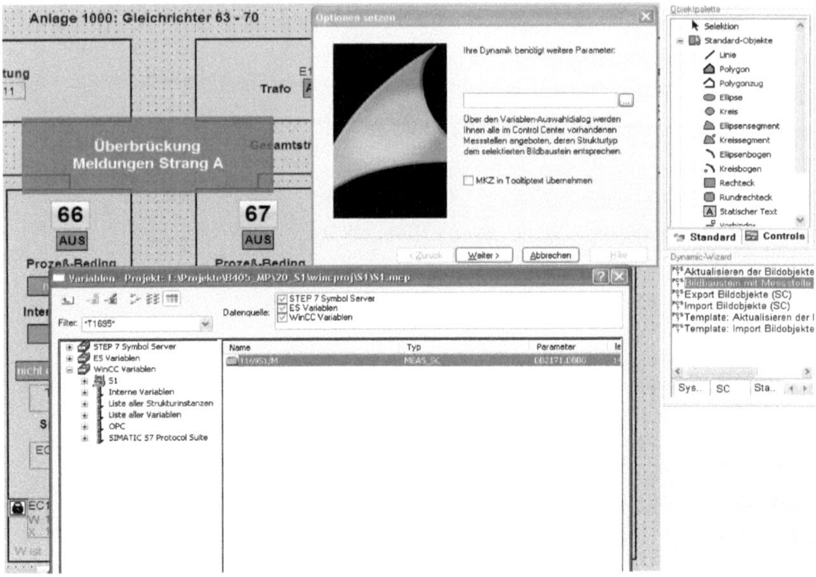

Nun kann man aus der Liste aller Variablen mittels Filterfunktion, die gewünschte Variable auswählen.

Nach dem auswählen wird die Variablenzuweisung in den Auswahldialog übernommen. Man sollte auch den Haken bei „MKZ (Messstellenkennzeichnung) in Tooltiptext übernehmen“ setzen und anschließend auf weiter drücken. Hier kommt die Aufforderung den geänderten Konfigurationsdialog zu bestätigen. Das Feld Tooltiptext ist dann schon durch den im vorigen Schritt gesetzten Haken ausgefüllt.

29 Messstellenkennzeichnung übernehmen via Tooltiptext (eigene Abbildung)

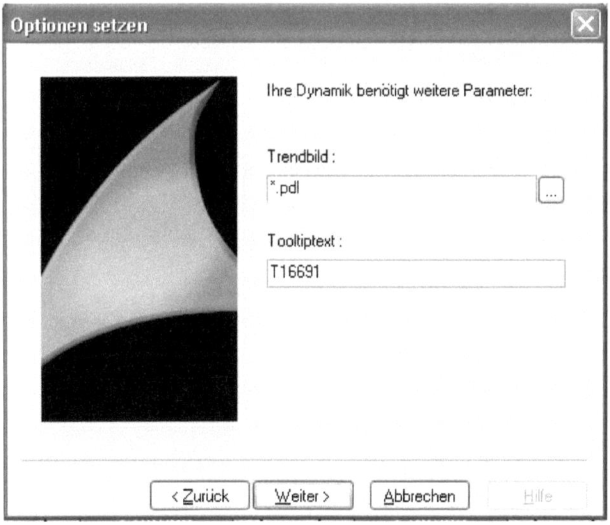

Durch Drücken der „Weiter“ Taste erscheint das Fenster „Fertig!“, mit der Information, dass das aktuelle Objekt mit der ausgewählten Messstellenvariable verbunden wird. Die Aktion Bildbaustein mit Messstelle verbinden wird beendet durch das betätigen der „Fertig stellen“ Taste.

30 Fertigmeldung der Variablenkonfiguration (eigene Abbildung)

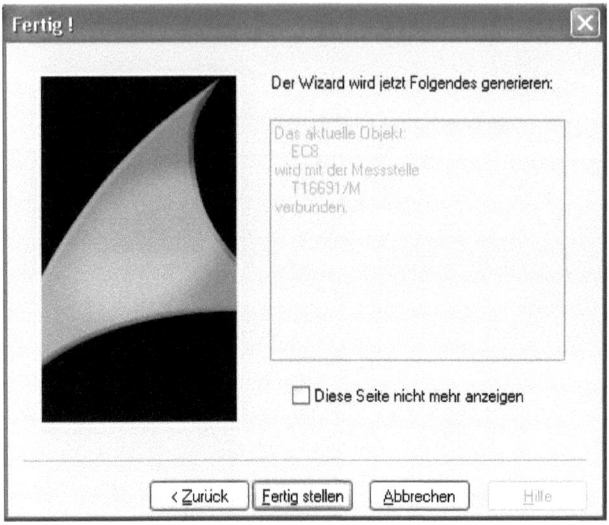

2.5.4 Alarmverstellberechtigung

Durch Doppelklick auf den neu angelegten Messstellenbaustein „MEAS_SC", öffnet sich dessen Eigenschaftsfenster. Unter der Rubrik Autorizithation kann man die Benutzergruppen auswählen, welche für die Verstellung der Grenzwerte berechtigt sind.

31 Berechtigung der Alarmverstellung zuweisen (eigene Abbildung)

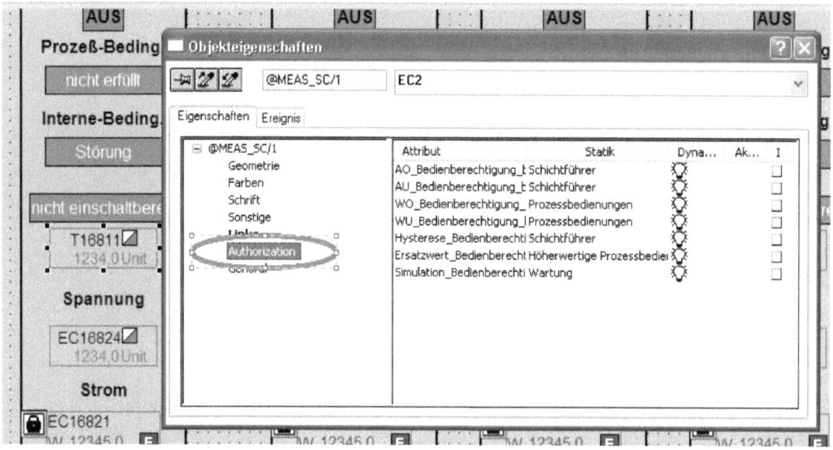

2.5.5 Kurvenbilder anlegen

Zur Registrierung von Messstellen müssen Kurven erstellt werden. Diese werden im WinCC Explorer angelegt. Da sich mein Analgenteil auf dem Server 1 befindet, muss ich in der Baumstruktur des Simatic Managers durch Rechtsklick auf den Server 1 das Objekt öffnen, nun wird der zugehörige WinCC Explorer geöffnet, hier gibt es dann die Unterrubrik „Graphics Designer". Hier sind alle Bilder der einzelnen Teilanlagen sowie Kurvenbilder hinterlegt. Da ich neue Kurvenbilder benötige, habe ich zwei vorprogrammierte Kurven zur Auswahl, entweder ein Kurvenbild für 6 Messstellen oder ein Kurvenbild für 8 Messstellen. Ich öffne das gewünschte Kurvenbild und fülle die Kurve mit den gewünschten Daten. Zum Abschluss Speichere ich sie dann ab unter „Datei Speichern unter" mit der nächsten freien Kurvenbezeichnung, welche sich in unseren Anlagen immer
zusammensetzt aus dem zugehörigen Anlagenteil, hier 1000 und dann einfach eine fortlaufende Nummerierung.

Meine drei benötigten Kurvenbilder sind aufgrund dessen:

- Kurv_1055; Innentemperaturen Glr. 63-74
- Kurv_1056; Innentemperaturen Glr. 75-86
- Kurv_1057; Innentemperaturen Glr. 87-98

2.5.6 Kurvenbilder mit Messstellendaten konfigurieren

Das Kurvenbild ist unterteilt in einen Übersichtsbereich sowie einen skalierten Tabellenbereich. An oberster Stelle befindet sich im Übersichtsbereich der Kurvenname, bei mir Kurv_ 1055, darunter sechs Kurven, gegliedert in Messstellennummer; kurze Aufgabenbezeichnung; Messbereich; Istwertanzeige sowie die dazugehörige Einheit. Alle Daten werden händig eingetragen, bis auf die Istwertanzeige, diese wird durch Rechtsklick via Konfigurationsdialog mit der zuvor im Tag Logging angelegten Variable T. .. .. ./M.U verbunden.

32 Verknüpfen der Istwertanzeige im Kurvenkopf mit der zugehörigen Variable (eigene Abbildung)

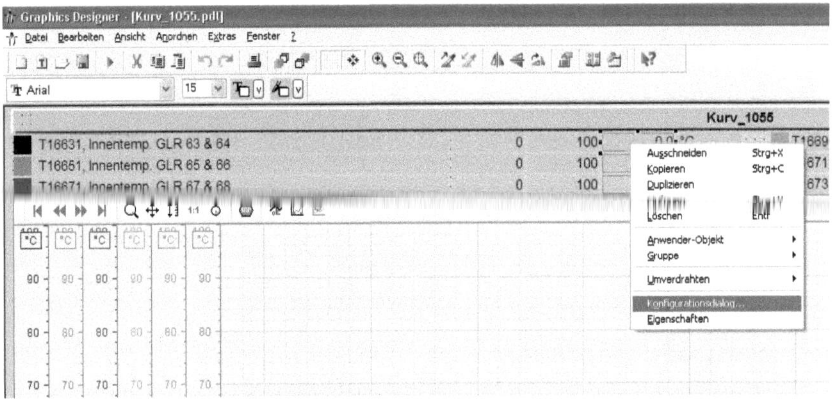

33 Variablenauswahl aus der Liste aller Variablen (eigene Abbildung)

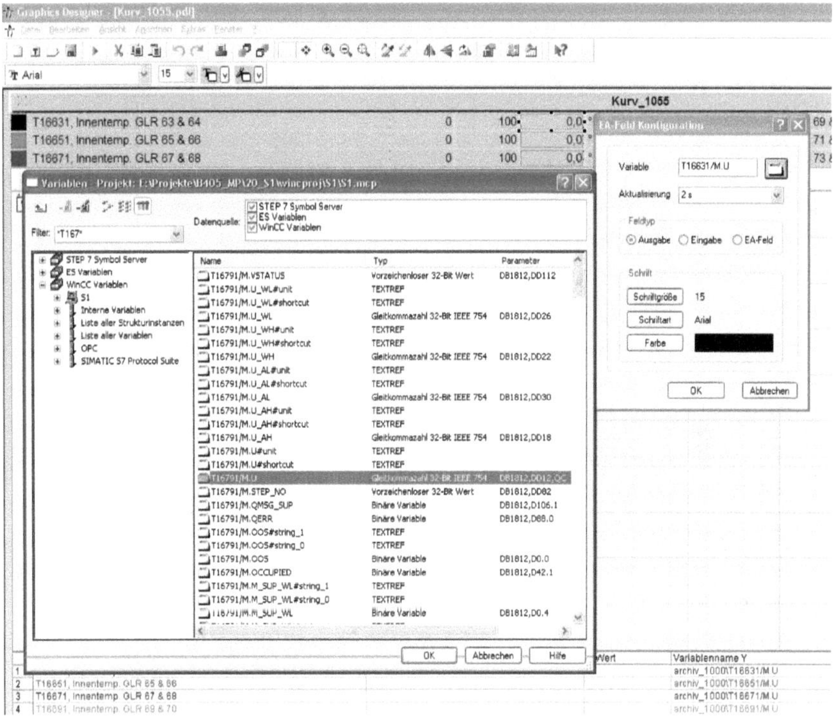

Somit wird hier ständig der erfasste Istwert der Messstelle aus dem CFC-Plan programmierten Analogeingang dargestellt. Unter dem Übersichtsbereich befindet sich der Kurvenverlaufsbereich mit entsprechender Skalierung. Hier wird eine Messstelle angelegt durch Doppelklick mitten in die Fläche. Es öffnet sich das Fenster „Eigenschaften von WinCC OnlineTrendControl“. Hier gibt es dann 10 Reiter (Wertachsen, Symbolleiste, Statuszeile, Online Projektierung, Export, Kurven, Allgemeines, Schriftart, Kurvenfenster, Zeitachsen). Für die Projektierung meiner Kurven benötige ich die Reiter „Kurven und Wertachsen“. Im Eigenschaftsreiter „Kurven“ Werden folgenden Daten eingegeben: der Objektname, die zugehörige Wertachse, die Datenanbindung woher die Datenversorgung kommt (Archivvariablen), den Variablennamen (welchen man wieder über das „Ordner öffnen“ Symbol aus den zuvor beim Tag Logging angelegten Variablen auswählen kann) und dann noch die grafischen Kurvendarstellungseigenschaften (Kurvenart und Kurvenfarbe, Linienart und Linienstärke, Punkteart und Punktbreite).

34 Kurve im Kurvenbereich anlegen und ebenfalls mit der zugehörigen Variable verbinden (eigene Abbildung)

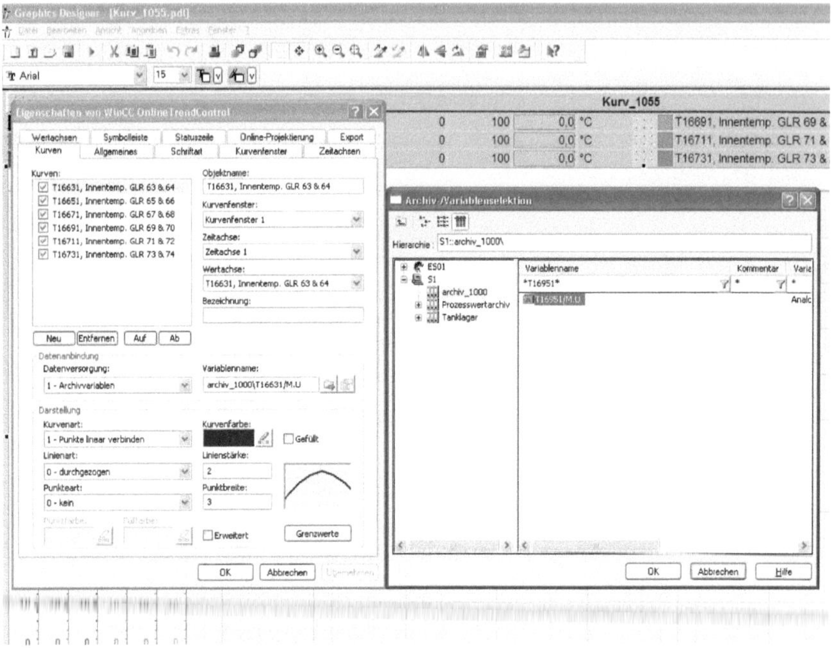

Bei dem Eigenschaftsreiter „Wertachsen“ geht es um die Skalierung des Kurvenverlaufsfensters, hier werden folgenden Eigenschaften eingegeben: Objektname, Kurvenfenster, Beschriftung (bei meinen Temperaturen °C), Ausrichtung der Skalierung (z.B. links oder rechts im Fenster), Skalierungsart (z.B. Linear oder Logarithmisch), den Wertebereich (von… bis), die Darstellung (Farbe, wie viele Nachkommastellen).

35 Einstellen der Skalierung sowie Beschriftung der Wertachsen (eigene Abbildung)

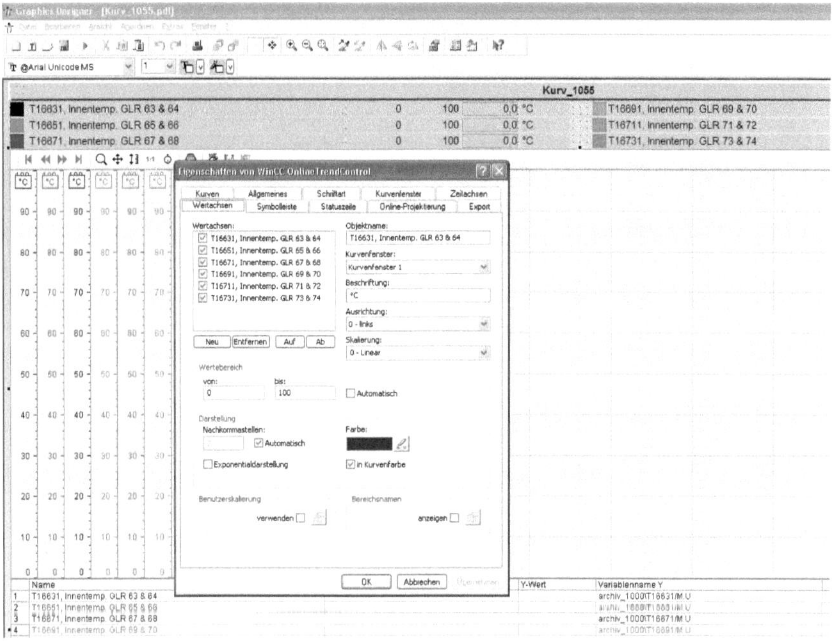

Damit beim Aufrufen der Kurve, durch Doppelklick auf die Istwert-Anzeige des Bildbausteins auch die Kurve mit entsprechender Messstelle aufgerufen wird, muss in den Objekteigenschaften des Bildbausteines „MEAS_SC“, welchen man im Übersichtsbild der Gleichrichter eingefügt hat, unter General das Attribut „trend“ mit der richtige Kurvenbezeichnung versehen werden.

36 Zuweisung des Kurvenaufrufs im MEAS_SC Baustein (eigene Abbildung)

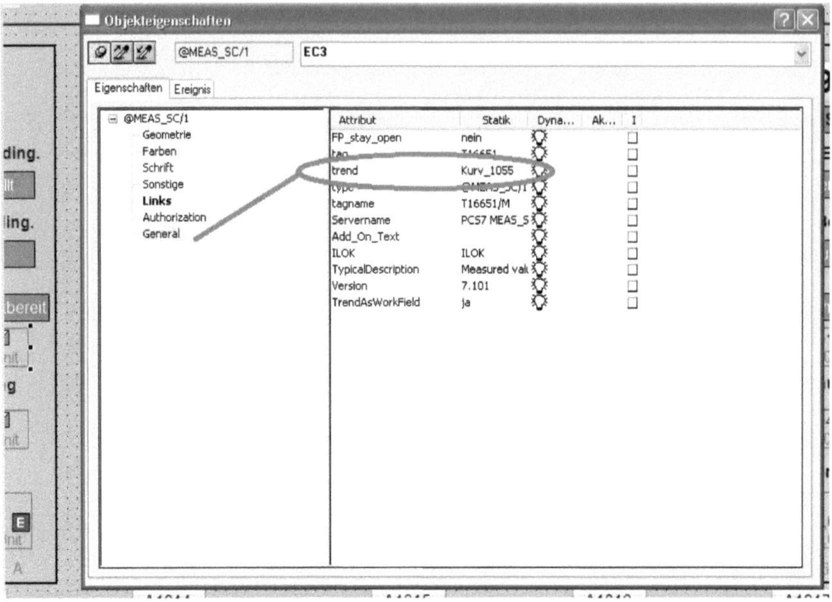

2.5.7 Prozessvisualisierung ins System laden

Nachdem ich die WinCC Änderungen beendet habe, müssen diese noch in das laufende System übertragen werden.

Das geschieht durch das Übersetzen und Laden der im Engineering System vorgenommenen Projektierungen in die Operator Station. Da mein Projekt auf dem Server S1 liegt habe ich lediglich diesen übersetzt und geladen.

Wie in den Bildschirmausdrucken zu sehen geschieht dies in der Hauptstruktur unter Punkt 20_S1, diesen so lange öffnen bis der Zweig „S1“ dargestellt wird. Dann mittels Rechtsklick der Computermaus erst das Übersetzen anstoßen und anschließend Zielsystem Laden.

37 Übersetzen des Servers **(eigene Abbildung)**

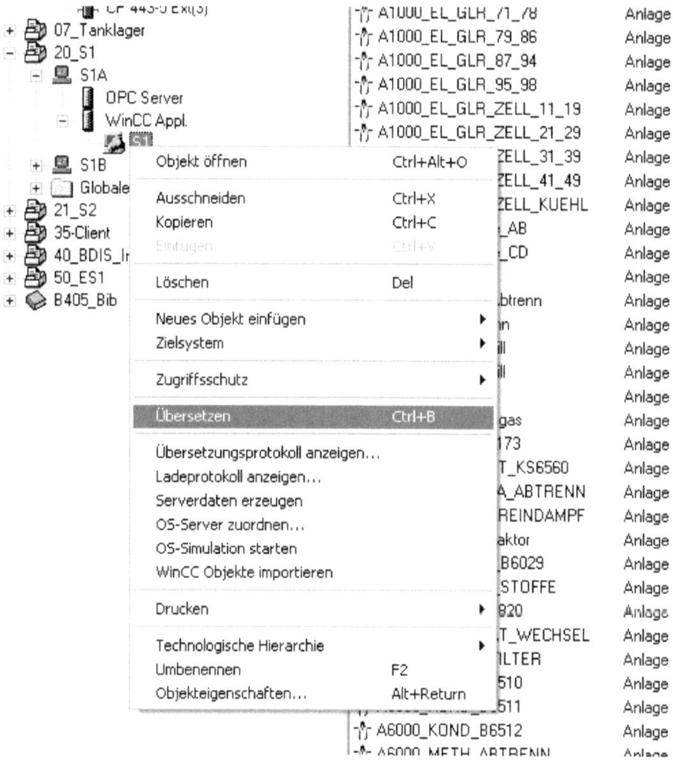

38 Laden des Servers (eigene Abbildung)

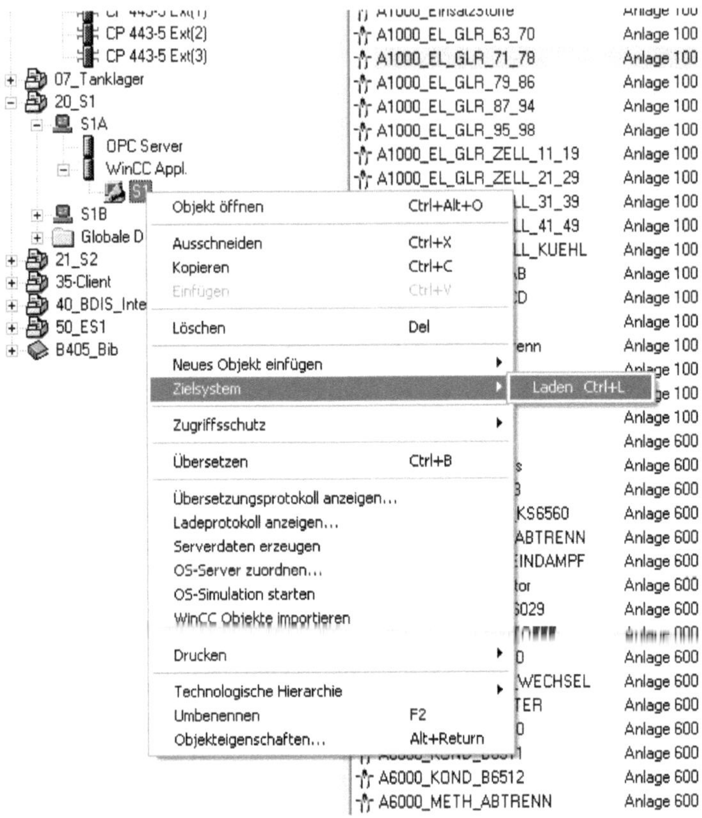

Nach der Beendigung des Übersetzen und Laden, kann man in der Runtime (Echtzeit-Bedienoberfläche der Anlage) die vorgenommenen Änderungen auf Ihre Richtigkeit überprüfen.

Wenn alles den Wünschen entsprechend ist, ist die Projektierung und Visualisierung der Anlagenänderung bzw. meines Projektes beendet.

3 eigene Stellungnahme

3.1 wurde das Ziel erreicht?

Das Ziel beziehungsweise die geforderte Umsetzung der Arbeitsaufgabe wurde komplett erledigt. Die Temperaturmessungen sitzen zentral in den Gleichrichterschränken, an jener Stelle an der die höchste Temperatur herrscht. Die erfasste Temperatur wird mittels Messumformer ins Prozessleitsystem übertragen und wird dort visuell dargestellt. Bei einer Grenzwertüberschreitung findet zusätzlich zur Visualisierung noch eine Alarmierung statt. Die Änderung wurde mit dem zuständigen Betriebsmeister durchgesprochen und übergeben. Somit stehen die Temperaturen nun unter Beobachtung des Schichtpersonals.

3.2 traten Probleme auf?

Nach dem das grundlegende Problem des Prozesses geklärt war, weshalb die Änderung vorgenommen werden sollte, gab es ab dem Zeitpunkt bei welchem ich mit der Planung begann, keine Probleme mehr. Das liegt daran, dass wir in unserem Betrieb und in unserer Abteilung schon immer Anlagenänderungen eigenständig planen und umsetzen. Deshalb waren die Arbeitsschritte, wie das Erstellen von Wirkschaltplänen, die Programmierung der Funktionspläne im Prozessleitsystem Simatic PCS7 sowie die Visualisierung der Messwerte via WinCC für mich reine Routineaufgaben.

3.3 entsprach die Vorgehensweise der Planung?

Wie ich ja schon erwähnte, sind die einzelnen Arbeitsschritte für mich größtenteils Routine. Somit wusste ich auch genau wann ich welchen Schritt machen musste. Dadurch kam es auch zu einem reibungslosen Arbeitsablauf der Aufgabenumsetzung.

3.4 wurde der Zeitplan eingehalten?

Die Aufgabenstellung welche ich umsetzen sollte, hatte von Seiten meines Meisters keinen engen Zeitplan, was auch daran liegt das wir solche Änderungen immer mal zwischendurch bearbeiten, ich konnte also nicht die ganze Änderung von Anfang bis Ende an einem Stück erledigen. Wenn Störungen der Anlage auftraten musste ich diese zuerst beheben. Da die Umsetzung auch von der Betriebsseite keine allzu große

Dringlichkeit hatte, nahm ich mir vor die Arbeit innerhalb einer Arbeitswoche umzusetzen. Was mir letztendlich auch ohne Probleme gelang.

Wie schon im Zeitplan unter Punkt 1.9 beschrieben, war der größte zeitliche Aufwand die Erstellung der hier vorliegenden Dokumentation des Abschlussprojekts.